中 小 企 业 研 究 文 库

浙江省哲学社会科学重点研究基地

文库主编/肖瑞峰　池仁勇

创意之代码：感性图像

Code of Creation：Perceptual Images

 刘肖健　著

ZHEJIANG UNIVERSITY PRESS
浙江大学出版社

本书系：

中国中小企业研究院研究成果

浙江省技术创新与企业国际化研究中心研究成果

浙江省工业设计技术创新服务平台研究成果

国家自然科学基金项目（60975048）阶段性成果

国家自然科学基金项目（51375450）阶段性成果

前 言

这是一部设计实验的记录稿，由一位工业设计师和一名业余程序员共同完成。

我们想尝试一下，在数字技术的辅助下，创意究竟能走多远。

我们还不想把这本图集称为"作品"，它们是原始概念和制作它们的技术工具最简单直接的呈现，

只提供了若干可能性。我们相信这些概念和工具在其他人手里还可以产生更美丽的图像。

本书大部分概念不是作者的原创，甚至部分工具也不是，它们迸发自一些天才的头脑中。

天才不会在一个点上长时驻足，他们留下的赞美和艳羡之声让我们感到应该踩着他们的脚印多走几步，

即使找不到柳暗花明，也能看到溪水花径。

"感性图像"是个笼统的说法。在艺术设计中，过于勤奋地追求 expression 是件很负责但很累的工作，

我们愿意用 presentation 取而代之，而把 interpretation 留给观者。

尽管如此，捕捉感性并以"神同形异"的方式再现却一点也不感性，这是绝对理性的工作，

它要求我们把隐藏在天才创意背后的数学与逻辑关系找出来，这是一项非常辛苦的劳动。

一个创意的产生可能只是瞬间的事情，找出它的"生产方式"则要花费大量的功夫，做大量的测试。

创意的激情要想熊熊燃烧，需要有人点火、有人添柴。我们愿做后者。

本书主要内容来源于作者讲授的工业设计硕士生课程《设计软件二次开发技术》。

全部案例基于CorelDraw软件制作，

大部分案例是在作者编写的程序辅助下由合作设计师朱昱宁老师完成。

部分案例来自于作者指导的本科毕业设计、硕士学位论文及所从事的科研项目。

致 谢

- -

感谢我的妻子在本书制作期间给我的理解与支持;

感谢徐博群博士为收集和整理本书所需的设计作品而付出的辛勤劳动;

感谢所有支持本书的编写并提供珍贵图片与实例的设计师、艺术家和摄影师;

感谢浙江工业大学工业设计研究所的同事们,感谢他们为本书的问世提供无私帮助和热情激励;

感谢浙江工业大学艺术学院选修我课的硕士研究生们,

他们从零开始学习并掌握技术工具的勇气给了我前行的动力,

他们的每一份成就都让我倍感自豪。

- -

感谢浙江省哲学社会科学重点研究基地对本书的出版给予的资助。

感谢国家自然科学基金委员会的资助。

我所主持的两项国家自然科学基金(60975048、51375450)的成果

首先在艺术设计领域产生了一些实际的贡献,

这是当初申请基金时所始料不及的,

但也让我欣喜地看到,

科学与艺术正在互相支持、互相融合,

理性与美正携手徜徉——在感性图像中。

目 录

01

科学的成就可以叠加，可以站在巨人肩膀上前进；
艺术的成就则是扁平的，任何一个大师都不可超越，
新的成就需要新的起点。

在大师们丰富复杂的视觉图像背后，都存在一种至简至美的
数学逻辑——这是大师的馈赠，也是我们工作的起点。

梵高（1853-1890）

梵高的绘画笔触是一种力的流动，
这点在《星月夜》中体现极致，
以致不少讨论"科学与艺术"关系
的著作中都会提到该作品。

从图形设计的角度，
我们希望对笔触的安排做到三点：
（1）填满空间；
（2）不交叉；
（3）方向渐变无突转。
其余要素，如笔触的长短、粗细、色彩、
布局等，可以留作自由发挥的空间。
符合这三点的图形
与"场"的概念十分相似，
这为我们提供了方法和思路。

《星月夜》，梵高

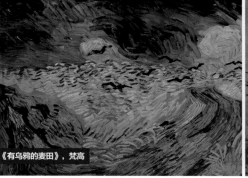

《有乌鸦的麦田》，梵高

《向日葵》，梵高

R ^o

《条纹2》，Riley

- -

Riley（1931–　　）

Op艺术大师Riley让我们最感兴趣的
是与格式塔有关的几幅作品。

- -

也许Riley是想创造一种让人想移开目光
又欲罢不能的视知觉，
我们却想在里面隐藏一些内容。
这幅作品原样照搬了Riley作品中的元素，
画中隐藏了两个字母，
作为对Riley的致敬。

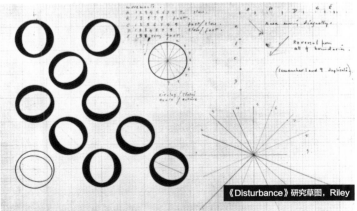

《Disturbance》研究草图，Riley

福田繁雄（1932-2009）

福田繁雄对达·芬奇名作的解构
是他无数精彩绝伦的视觉游戏之一。

在为檀香扇设计扇面图案的过程中，
我们联想到了这种借鉴应用方式。

《蒙娜丽莎》，福田繁雄

《蒙娜丽莎100个微笑》，福田繁雄

进入数字化时代，拼图游戏已经有了各种高效自动化的软件工具，
花样翻新的图案被用于各种场合。
这种创作模式的泛滥一方面显示出开创者工作的价值，
另一方面也让人感慨在纯手工时代艺术家
逐点选择像素图案的辛苦和毅力。

制作这幅"思想者"只用了大约5分钟时间，
像素源图集的灰度处理及目标图像的分解等全部自动完成。

Vasarely（1908–1997）

变形的格子是Vasarely最为人熟知的技巧，
"小丑"则是其中的经典之一。

我们发现，这些变形格子背后的数学逻辑其实
和梵高的笔触非常相似，只是表现形式不同。

在制作这几幅图像时，我们最初想到的是基于视觉原理，
利用近大远小计算格子的缩放。

但是实施过程中发现许多问题，
主要是格子变形后边界会交叉。

为解决这个问题，想到了"场"的特征之一，
即"场"中的引力线不交叉。

最后使用力学原理得到了一个较满意的结果，
即把高度映射为一个力的大小，
该力会把格子的边界向外推，产生浮凸效果。

**利用这个原理开始工作后，它的魅力就显示出来了：
我们可以把任意一幅灰度图像转换为有高度的地形图，
再转换成力的大小，格子也不必是规整的。
事实上，这个"力"可以把画面中
任何原有的图形推扯变形，
产生视觉上的凹凸感。**

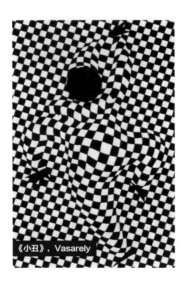

《小丑》，Vasarely

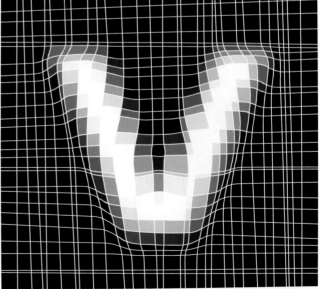

点阵图像一度是平面艺术家最喜爱的表现手法之一。

在数字化技术尚不发达的时代，这是一项体现耐力与工作量的活动，向他们表示敬意。

本页附图选择圆角半径作为灰度映射的对象，

产生若隐若现之感。

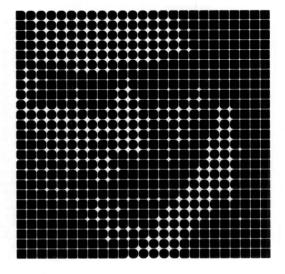

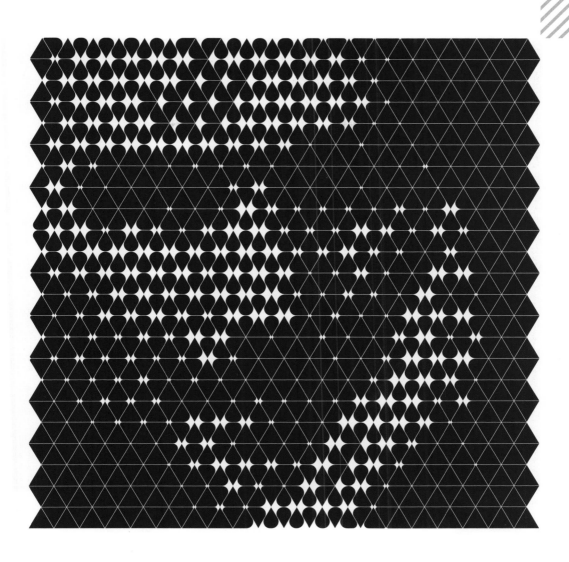

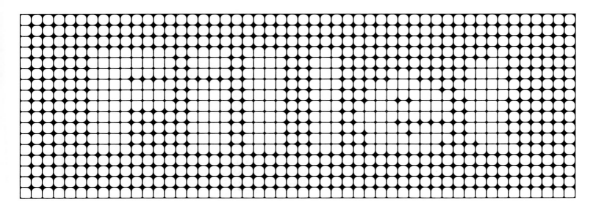

伦勃朗（1606-1669）

伦勃朗大师犀利的光影效果和洒脱的素描笔触，
是其作品的标志性特征。

这幅图尝试把光影和笔触这两个特征融合起来，
制作方法主要是基于概率选择原理：
以原图灰度为概率密度计算曲线起点位置，
然后继续以灰度概率指示曲线下一个点的出现方向。
如此重复，直到明暗色调满足要求。

《自画像》，伦勃朗

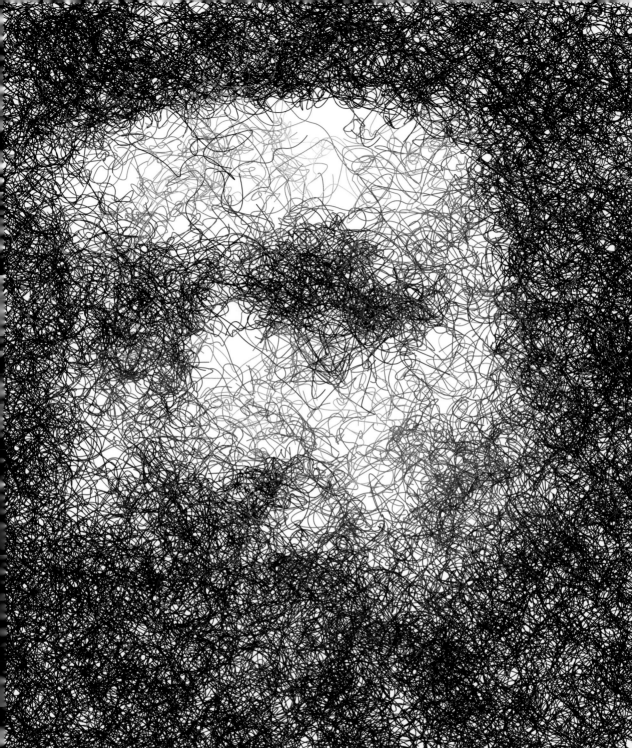

为传统手工艺产品的设计者与制作者提供方便的工具
一直是我们的兴趣所在，我们对剪纸和中国结
这两类非物质文化遗产做了一些初步的尝试。

- -

对中国结的设计辅助主要考虑如何把复杂的
三维编织结构用平面设计稿来表达。
我们找到了直接把图案从二维转到三维的智能化方法，
可以自动识别编织线之间的挑压关系。
在CorelDraw和Rhinoceros这两款软件的联合协作下，
大大减轻了这项繁琐设计活动的工作量。

剪纸艺术的魅力在于精妙绝伦的花纹图案。

对剪纸设计的辅助主要考虑把设计师
从繁重的手工劳动中解脱出来，
但并不剥夺其艺术创作的权利，
是辅助而非取代之。

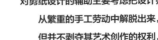

02 构成

我们尝试从"群体"的角度来理解构成：
单一的元素可以有多少种方式产生相互关联，以及
逻辑上的简洁性和视觉上的复杂性有什么样的内部联系。

自然物进入艺术家和设计师的视野后，
无一例外都要把最典型、
最本质的特征抓取出来，
加工后呈现给观者。
雪花晶莹、洁白、六角等特征都是有目共睹的，
并且在多数艺术作品中也对此给予了到位的体现。

人人都知道"世界上没有两片完全相同的雪花"，
这个特征似乎还很少有人在设计中刻意表现，
不是做不到，而是没太大意义。
但如果这项工作可以轻松完成，
相信很多设计师是愿意一试的。

这批雪花的制作过程如下：先给一个尽量复杂的图形
在图形内部随机选一点，
画一个三角框，用它从图形上截取一块三角形区域，
然后对其镜像和阵列，得到一个完整的雪花形状。
重复上述过程，直到得到的雪花满足要求的数量。

只要随机选点的位置不重复，
得到的雪花就不会重复。
这批雪花在设定三角框后，
又转了一个随机的角度才开始截取
——两个随机数都相同的概率可以认为是等于零。

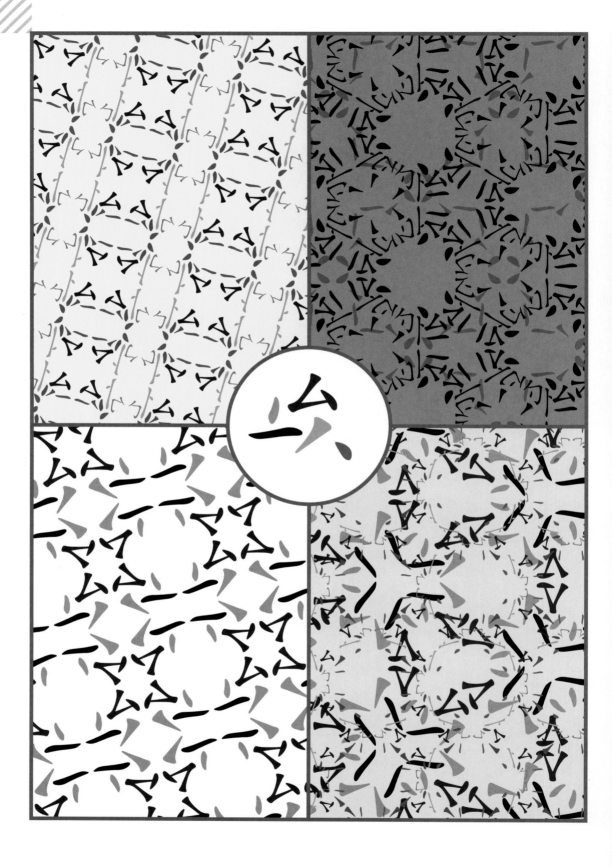

"种子"

四方连续是个非常古老的图案技巧，
这里我们要展示的是基于一组相同的原始单元
（我们称其为"种子"）
可以有多少种方式产生不同的连续图案。

这里每个种子展示了多种构成方式，
实际上这个数字可以是无穷无尽的。

这群漫天飞舞的鸟儿是通过对几个有限的原始单元
进行大量复制并适当调整大小和角度得到的。
但是，这幅图的特色显然不止这些，
我们感兴趣的是如何让它们从地下到天上逐渐变得由密到稀疏。
如果仅此而已倒还简单：
构建一个疏密连续变化的函数并不困难。
我们希望把这个想法推广开来，
让画面空间内任意一点的集聚密度可以自由设定。

最终的实施办法是用一幅灰度图来指示鸟儿的集聚密度，
越黑的地方表示密度越大，
即：把像素灰度值转化为鸟儿的分布概率密度。
可以看到，鸟儿数量很大的时候，
该法的效果颇为有趣。

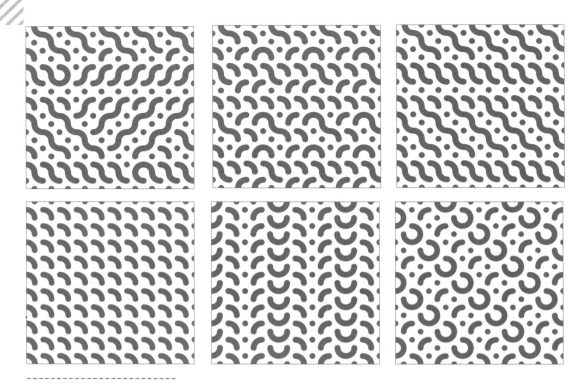

平面构成的一个有趣之处是可以利用很少的元素翻出无穷无尽的花样。

这点很像复杂性理论所强调的"关联"：一个群体中，每一个体都是简单的（甚至是完全相同的），

是它们之间的联结模式让该群体的行为模式变得复杂，甚至有了超越个体总和的智慧。

这里展示了一个简单的单元在不同的联结模式下得到的复杂纹样，这个序列可以持续做下去。

把单元想象为地砖，地砖只有一种，但是有很多种方法可以避免家里的地面过于单调。

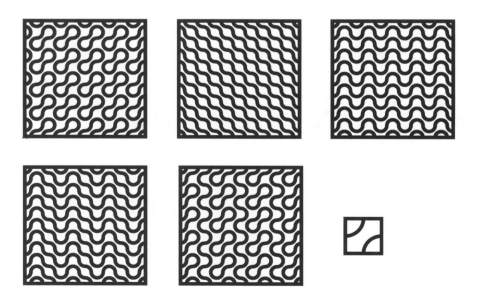

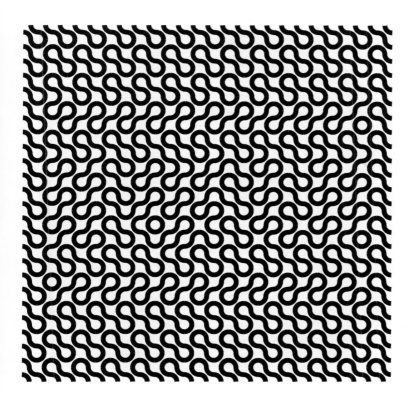

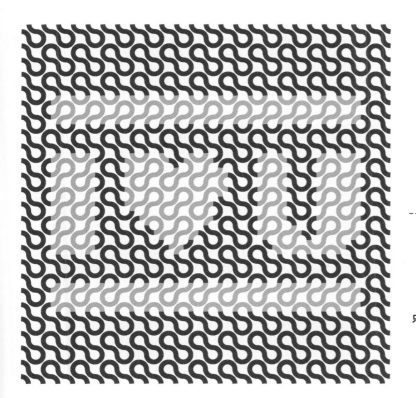

地砖的不规则拼花方法令其变得有趣，
甚至可以有意在里面隐藏一些信息。
这里展示的不规则拼花地砖
与Riley作品中的格式塔概念十分相似。
这次，我们不再期望
观众能从中把信息解读出来，
直接上答案了。

这个案例用的是色彩映射，
有色的部位对应的地砖转90度，
白色部分不变。
这个设计不是信息传达，
所以明晰不是第一位的，
只是有意让观众发觉设计师做了些什么，
但又无法一眼看出究竟做了什么，
作为一种吸引注意力的小技巧。

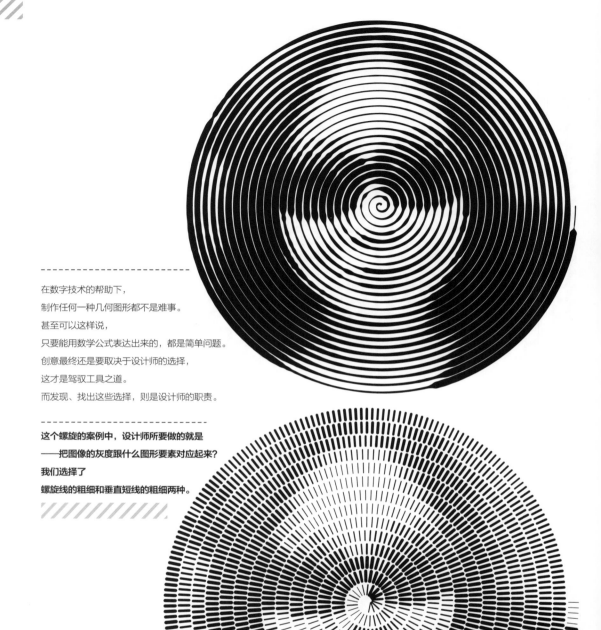

在数字技术的帮助下，
制作任何一种几何图形都不是难事。
甚至可以这样说，
只要能用数学公式表达出来的，都是简单问题。
创意最终还是要取决于设计师的选择，
这才是驾驭工具之道。
而发现、找出这些选择，则是设计师的职责。

这个螺旋的案例中，设计师所要做的就是
——把图像的灰度跟什么图形要素对应起来？
我们选择了
螺旋线的粗细和垂直短线的粗细两种。

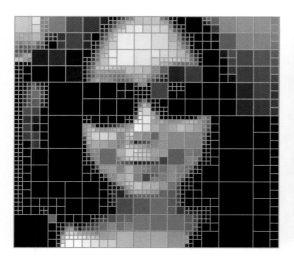

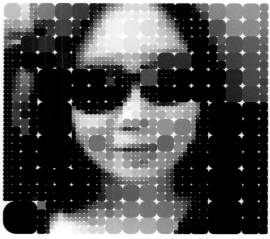

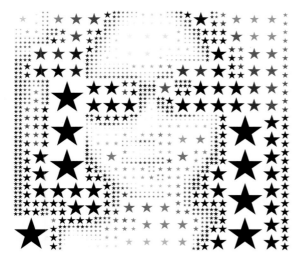

当像素画逐渐成为常规技巧，
设计师开始思考如何在其基础上做进一步的创意构思，
其中一种思路是把规则拘谨的像素点阵列做一些变化。
这里把像素点的分辨率作为一种处理对象来表现图像。

分辨率的使用给替换元素的选择带来便利。
因为不是所有图形用作像素点都合适，
图形本身的形态特征会给其表现效果造成影响。
可以看到，使用★做替代元素时，
虽然★本身有较大误差，
但是图像关键性的细节没有丢失，
营造了一种主次分明、张弛有序的感觉。

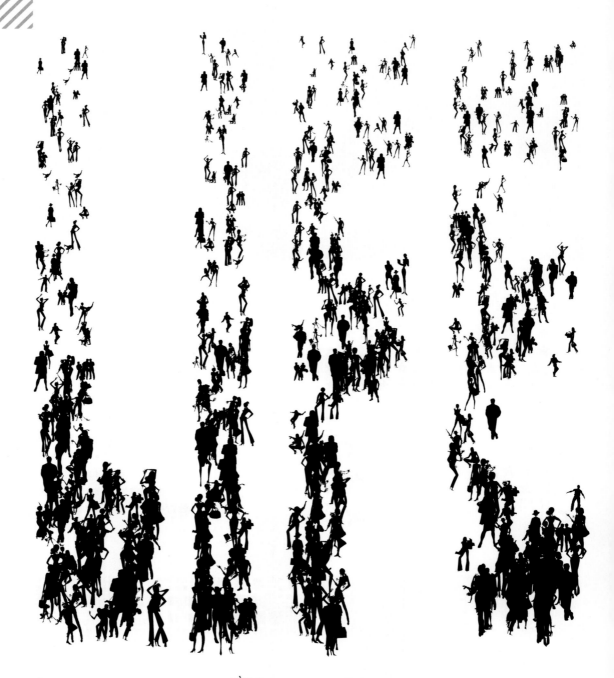

03 意象

用自己的方式再现一幅图像

是图形艺术家不知疲倦的主题。

再现图像的方式融入了个人情感意象，

多数情况下是出于纯粹的视觉需求，

或者暗示一种对来自摄影图像的"主动性"姿态，

这种处理方式也提供了一种

加载图像主题之外的意义的渠道。

延续上节对画面分辨率的应用,

我们使用了一种随机且不规则的分割方法,

在精细之处多分小块,色调变化平缓之处则用大块。

分块形态的直线几何特性隐现了这位科学巨匠高度理性的下意识印象。

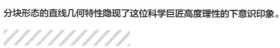

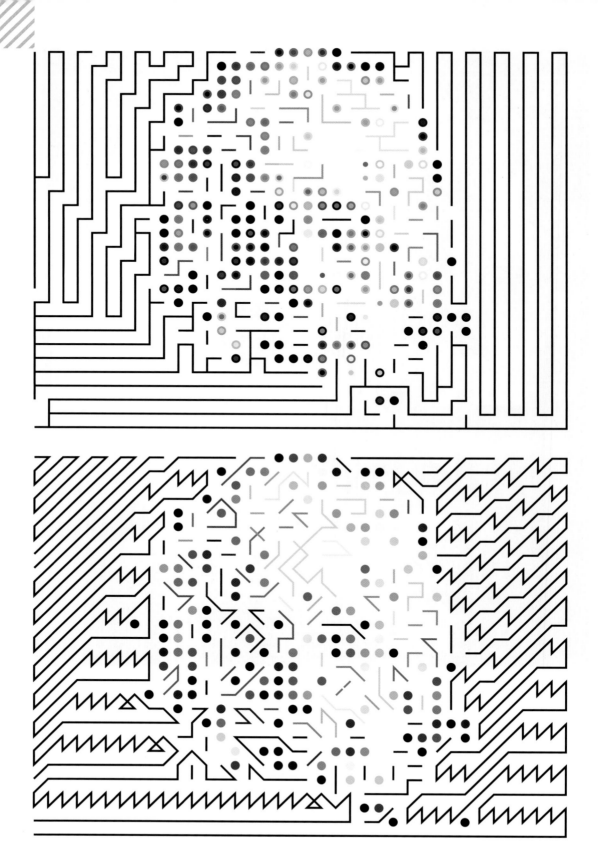

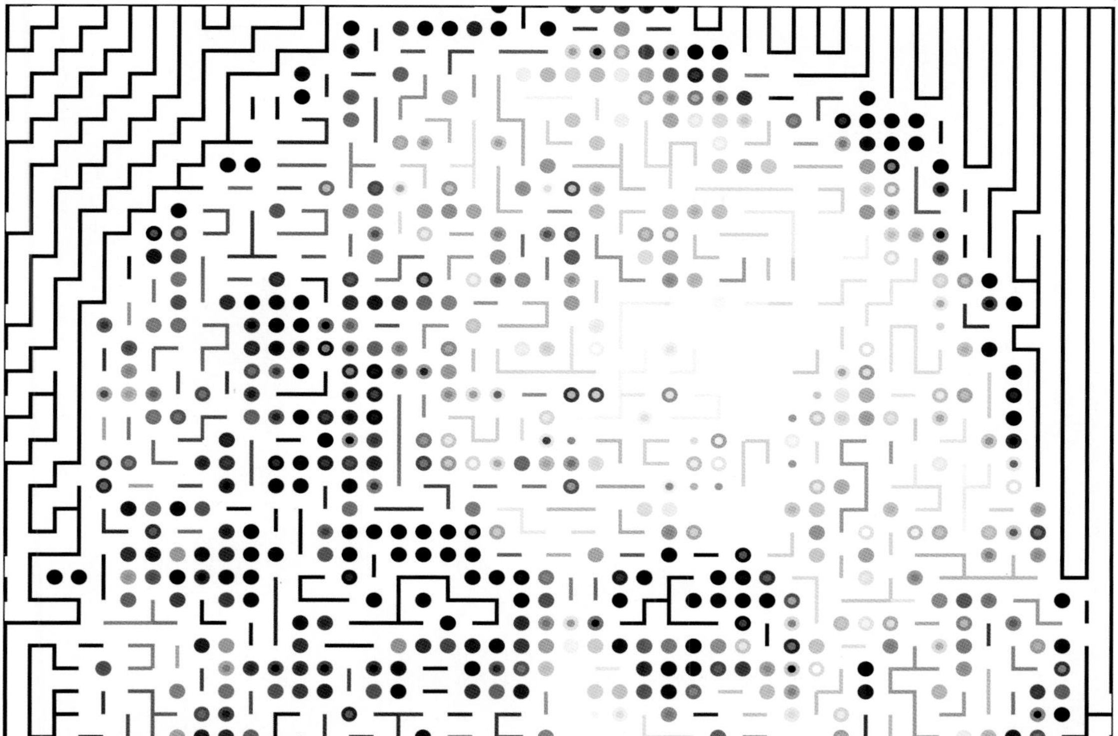

这几幅图采用空间遍历的方法制作：

保证整个画面空间的每一处都被填充，

依靠填充模式的差异化让观者觉察到其中隐藏的图形

——这也是一种格式塔的体现。

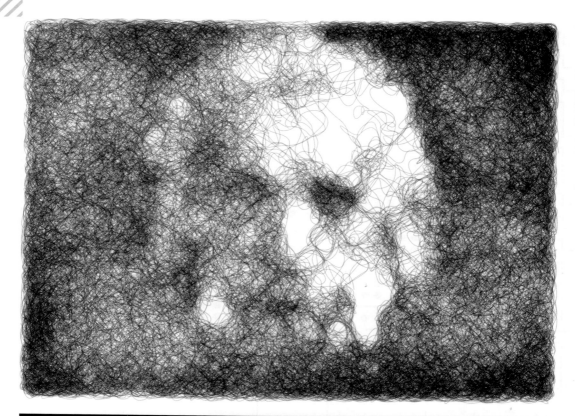

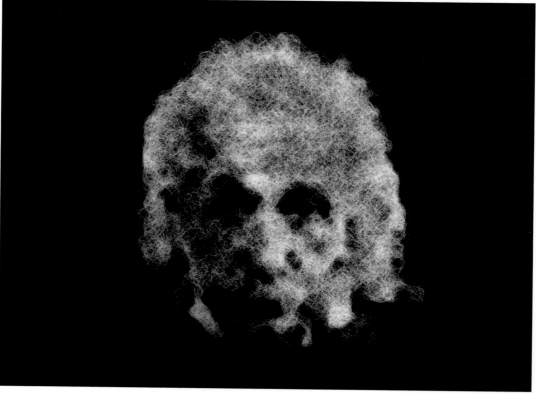

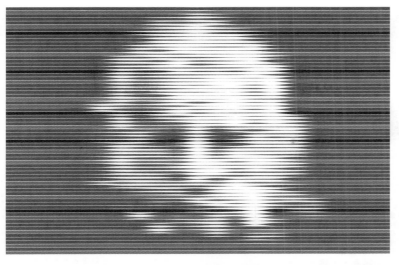

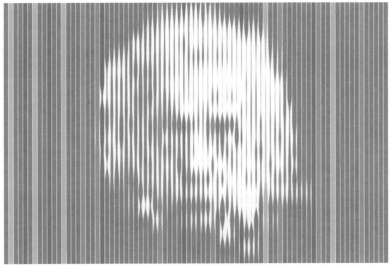

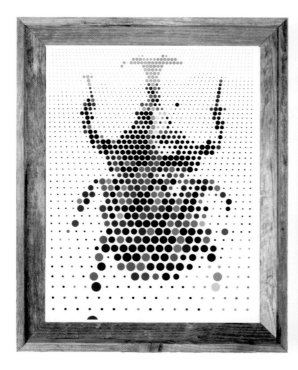

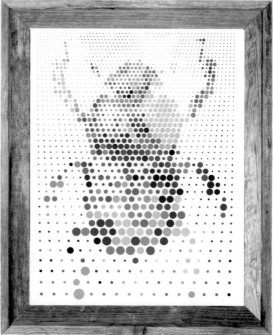

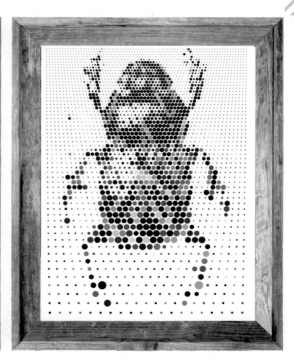

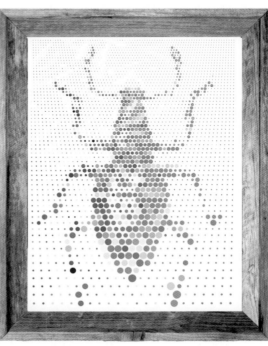

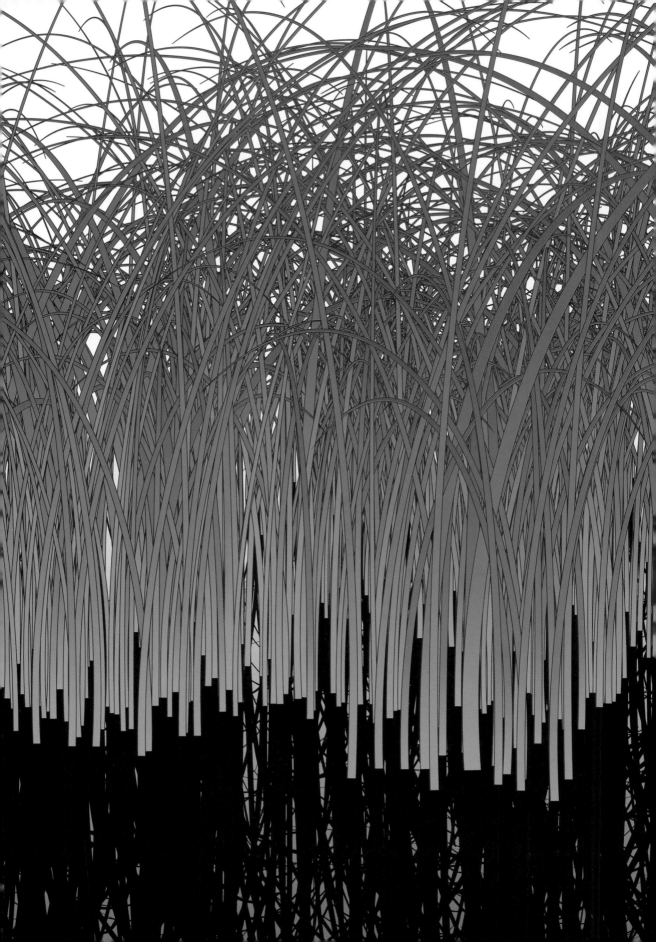

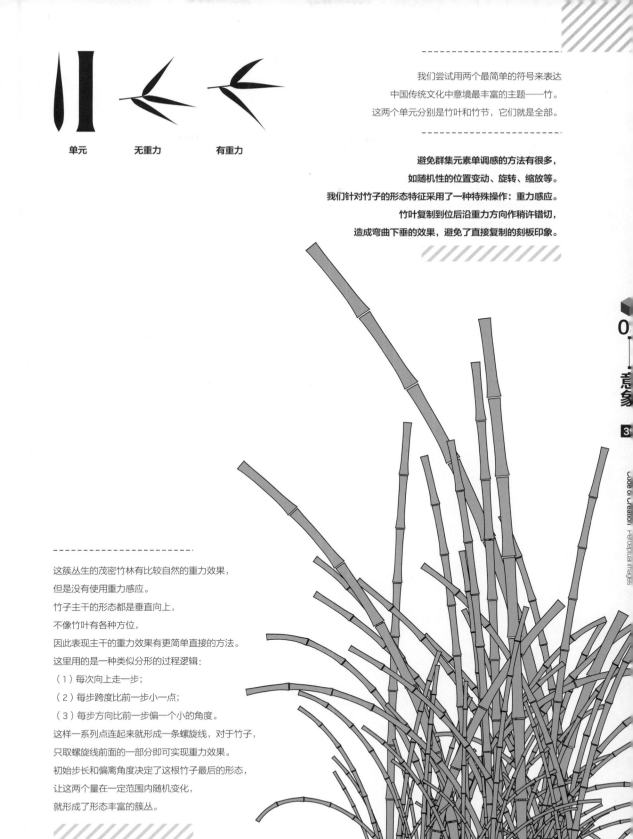

单元　　　无重力　　　有重力

我们尝试用两个最简单的符号来表达
中国传统文化中意境最丰富的主题——竹。
这两个单元分别是竹叶和竹节，它们就是全部。

避免群集元素单调感的方法有很多，
如随机性的位置变动、旋转、缩放等。
我们针对竹子的形态特征采用了一种特殊操作：重力感应。
竹叶复制到位后沿重力方向作稍许错切，
造成弯曲下垂的效果，避免了直接复制的刻板印象。

这簇丛生的茂密竹林有比较自然的重力效果，
但是没有使用重力感应。
竹子主干的形态都是垂直向上，
不像竹叶有各种方位，
因此表现主干的重力效果有更简单直接的方法。
这里用的是一种类似分形的过程逻辑：
（1）每次向上走一步；
（2）每步跨度比前一步小一点；
（3）每步方向比前一步偏一个小的角度。
这样一系列点连起来就形成一条螺旋线，对于竹子，
只取螺旋线前面的一部分即可实现重力效果。
初始步长和偏离角度决定了这根竹子最后的形态，
让这两个量在一定范围内随机变化，
就形成了形态丰富的簇丛。

从蝴蝶的意象出发，
保留其外轮廓和炫丽的色彩这两个重要特征，
通过元素的排列组合，
图形对象的方位扰动、形态扰动和旋转扰动，
形成丰富的质感与抽象的设计感。

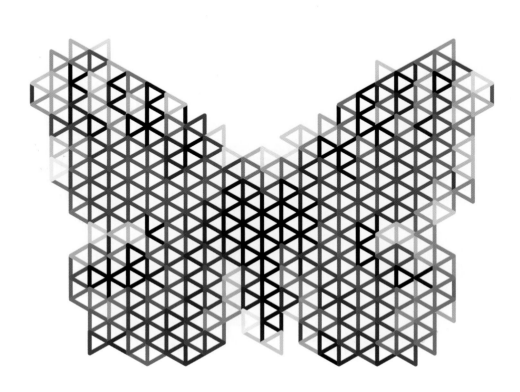

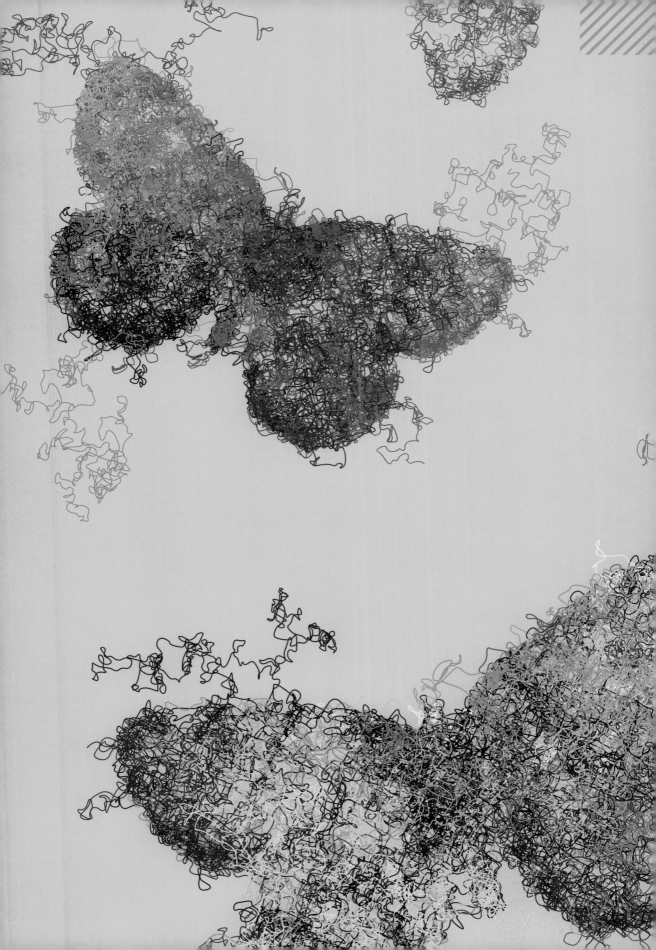

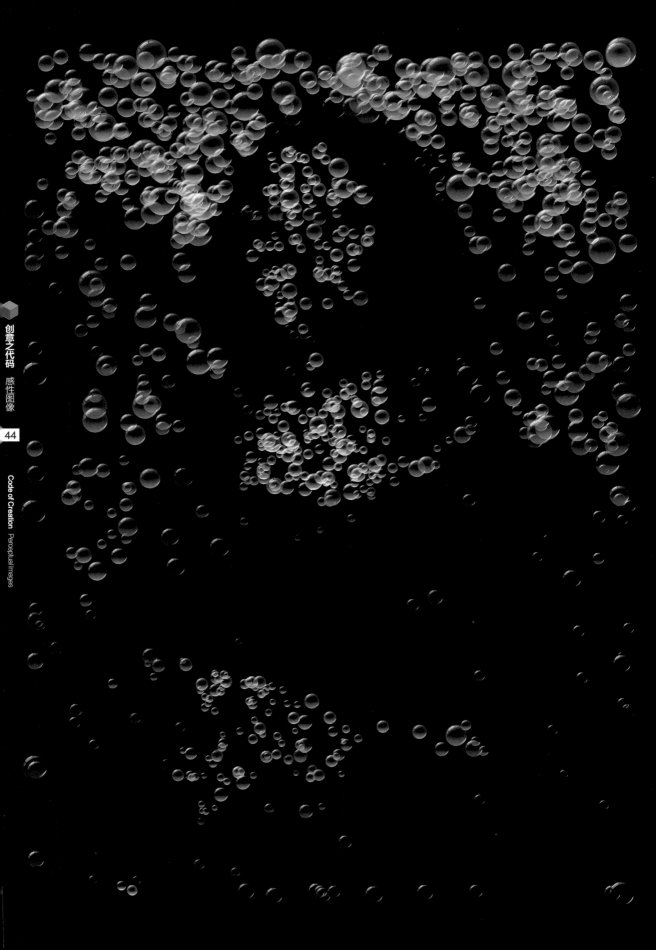

04

无论作为工具，作为载体，还是作为表现对象，

字体的作用已经远不止信息传递，

它本身就是信息，

接受设计师的各种装扮。

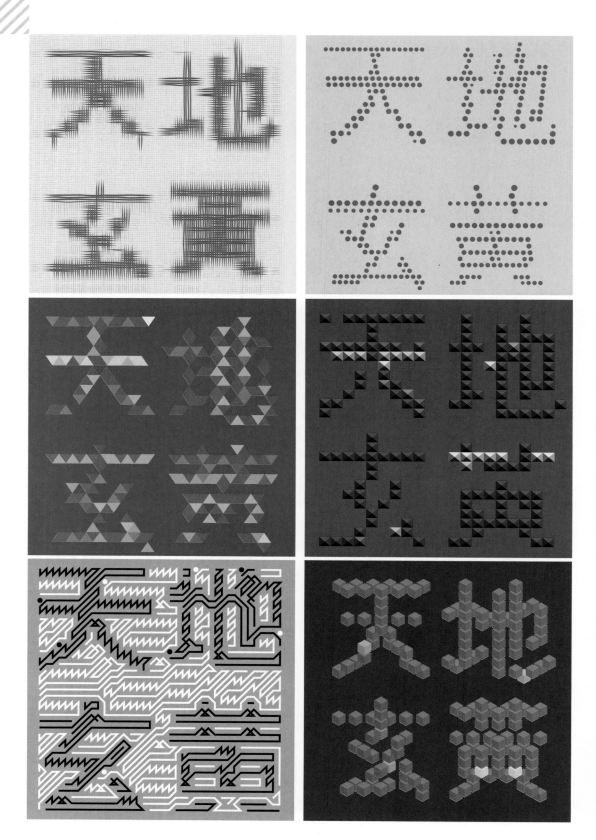

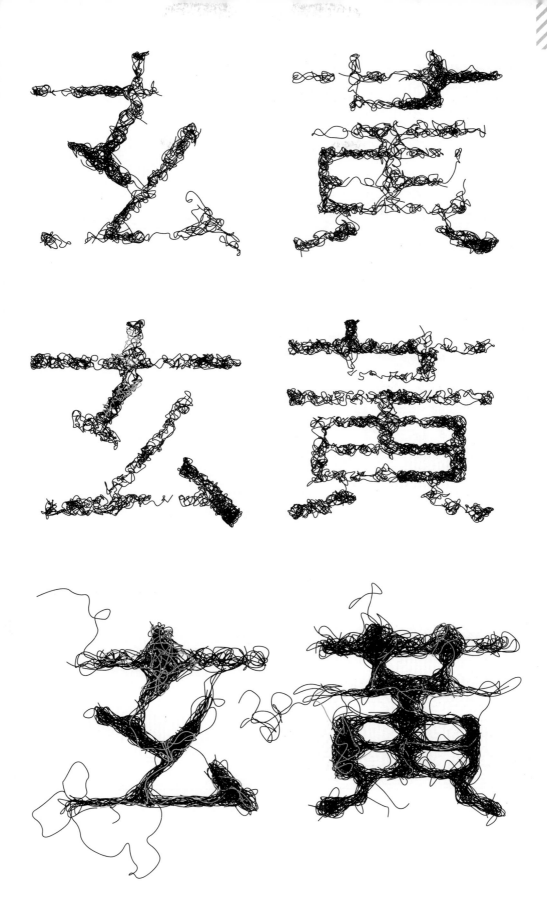

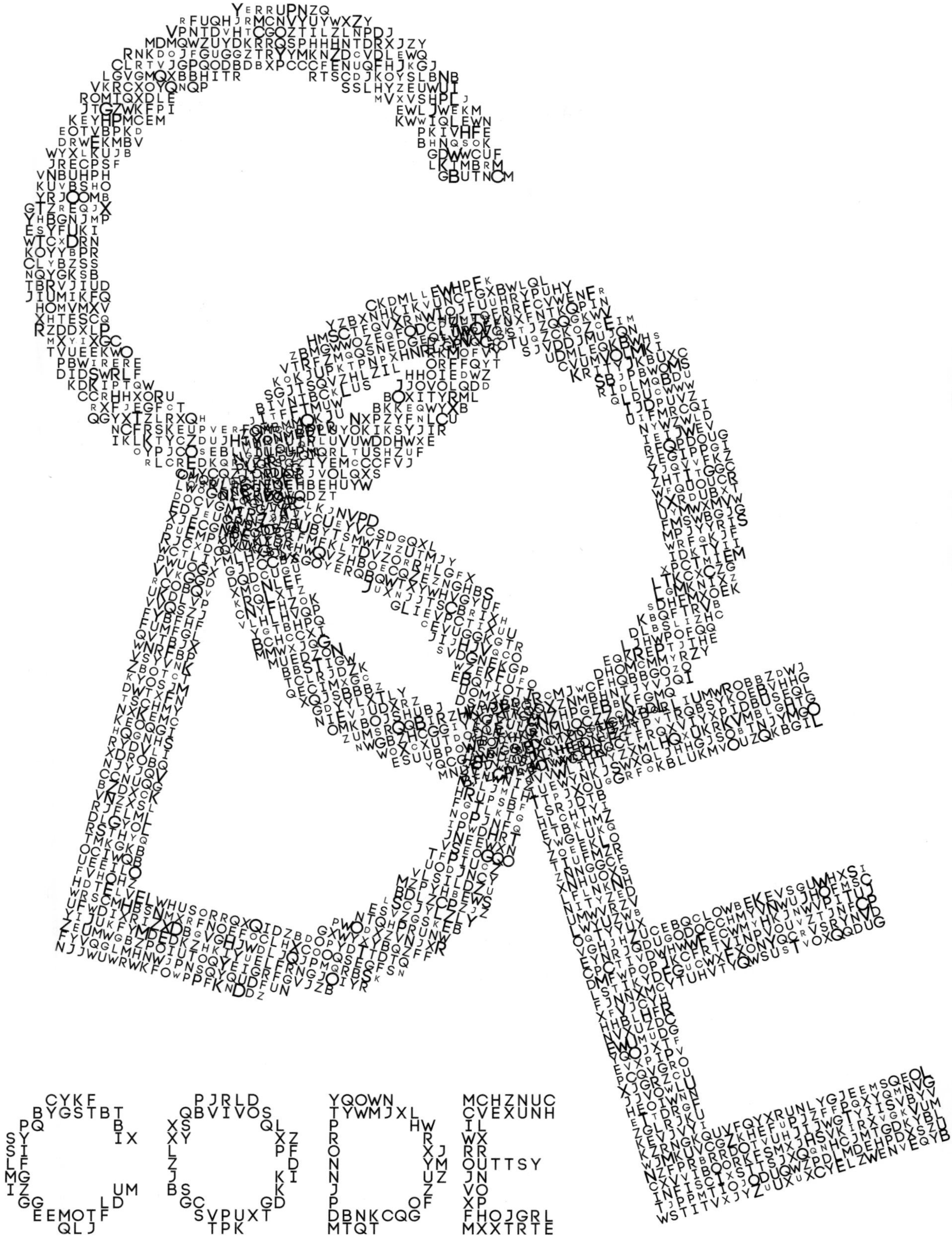

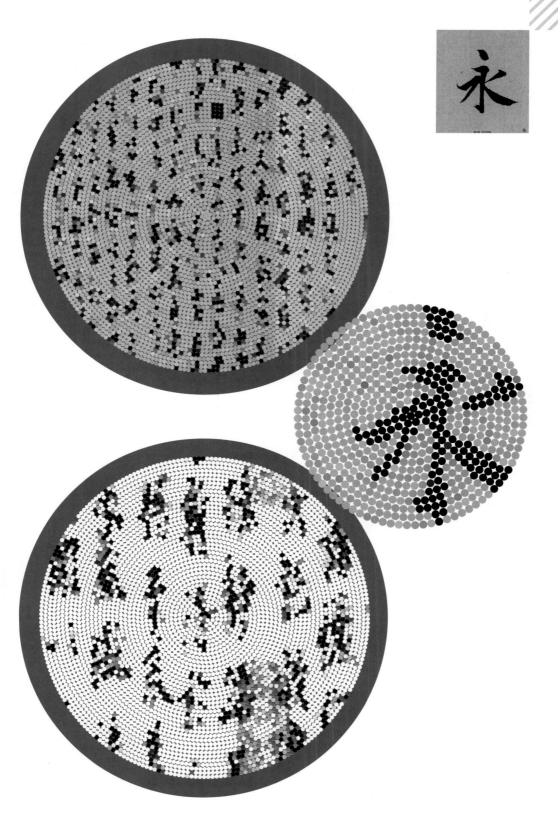

```
Private Sub MakeCharPicture_Click() bmpFileName = exportTempPicName If
Left(bmpFileName, 3) = "c:\" Then Else MsgBox "Pic Wrong" Exit Sub End If
OpenBitmap bmpFileName If bmpInfoHeader.biBitCount <> 24 Then Exit Sub End If
Dim nCol As Integer, nRow As Integer nRow = UBound(bmpRed, 1) nCol =
UBound(bmpRed, 2) Set newPage = ActiveDocument.AddPages(1)
newPage.SizeHeight = newPage.SizeWidth * (nRow + 1) / (nCol + 1) n =
nCharsPerLine.Value m = Int(n * nRow / nCol) dx = newPage.SizeWidth / n dy =
newPage.SizeHeight / m Dim charTemp Dim ratio As Double Dim pos As Integer Dim
color1 As Double Dim r As Double For i = 0 To m - 1 y = newPage.BottomY + (i + 0.5) *
dy For j = 0 To n - 1 color1 = bmpRed(Int(nRow * i / (m - 1)), Int(nCol * j / (n - 1))) * 0.8
If JumpWhite.Value = True Then If color1 > 200 Then GoTo jumpW End If End If ratio =
1 - color1 / 255 r = 0.04 * ratio x = newPage.LeftX + (j + 0.5) * dx pos =
CInt(UBound(charSet) * ratio) If pos > UBound(charSet) / 2 Then pos =
CInt((UBound(charSet) * ratio) ^ 1) Else pos = CInt((UBound(charSet) * ratio) ^ 1) End
If If pos > UBound(charSet) Then pos = UBound(charSet) charTemp = charSet(pos)
Select Case charTemp Case: charTemp = """" Case : charTemp = ":" Case : charTemp =
"*" Case ": charTemp = "/" Case: charTemp = "?" Case 1": charTemp = "{" Case":
charTemp = "}" Case: charTemp = "[" Case: charTemp = "]" Case Else End Select Set s1
= ActiveLayer.CreateArtisticText(x - r, y - r, charTemp, cdrEnglishUS, , "Arial", 36,
cdrFalse, -2, , cdrCenterAlignment) s1.Fill.ApplyUniformFill
CreateRGBColor(XSheet1.Cells(CInt(i * nSpace), CInt(j * nSpace)).Value,
XSheet2.Cells(CInt(i * nSpace), CInt(j * nSpace)).Value, XSheet3.Cells(CInt(i *
nSpace), CInt(j * nSpace)).Value) s1.Fill.UniformColor.RGBAssign 0, 0, 0
s1.Outline.SetNoOutline jumpW: Next Next MsgBox "OK ! " End Sub Private Sub
ColorMapping_Click() If ColorMapPage.ListIndex = -1 Then MsgBox Exit Sub End If
bmpFileName = exportTempPicName_C If Left(bmpFileName, 3) = "c:\" Then Else
MsgBox Exit Sub End If OpenBitmap bmpFileName If bmpInfoHeader.biBitCount <>
24 Then MsgBox Exit Sub End If Dim workPage As Page Set workPage =
ActiveDocument.Pages(ColorMapPage.ListIndex + 1) workPage.Activate W =
workPage.SizeWidth H = workPage.SizeHeight Dim nCol As Integer, nRow As Integer
nRow = UBound(bmpRed, 1) nCol = UBound(bmpRed, 2)
ActiveDocument.ReferencePoint = cdrCenter If KeepRatio2.Value = True Then For i = 1
To workPage.Shapes.Count Set s1 = workPage.Shapes(i) x = s1.PositionX -
workPage.LeftX y = s1.PositionY - workPage.BottomY If x < 0 Or x >
workPage.SizeWidth Or y < 0 Or y > workPage.SizeHeight Then Else m = Int(nRow * y /
H) n = Int(nCol * x / W) rr = bmpRed(m, n) gg = bmpGreen(m, n) bb = bmpBlue(m, n) If
AsOutlineColor.Value = False Then s1.Fill.UniformColor.RGBAssign rr, gg, bb Else
s1.Outline.Color.RGBAssign rr, gg, bb End If End If Next Exit Sub End If If nRow /
nCol > H / W Then For i = 1 To workPage.Shapes.Count Set s1 = workPage.Shapes(i) x =
s1.PositionX - workPage.LeftX y = s1.PositionY - workPage.BottomY If x < 0 Or x >
workPage.SizeWidth Or y < 0 Or y > workPage.SizeHeight Then Else m = Int(nRow * y
/ (W * nRow / nCol)) n = Int(nCol * x / W) rr = bmpRed(m, n) gg = bmpGreen(m, n) bb
= bmpBlue(m, n) If AsOutlineColor.Value = False Then
s1.Fill.UniformColor.RGBAssign rr, gg, bb Else s1.Outline.Color.RGBAssign rr, gg, bb
End If End If Next Else For i = 1 To workPage.Shapes.Count Set s1 =
workPage.Shapes(i) x = s1.PositionX - workPage.LeftX y = s1.PositionY -
workPage.BottomY If x < 0 Or x > workPage.SizeWidth Or y < 0 Or y >
workPage.SizeHeight Then Else m = Int(nRow * y / H) n = Int(nCol * x / (H * nCol /
nRow)) rr = bmpRed(m, n) gg = bmpGreen(m, n) bb = bmpBlue(m, n) If
AsOutlineColor.Value = False Then s1.Fill.UniformColor.RGBAssign rr, gg, bb Else
s1.Outline.Color.RGBAssign rr, gg, bb End If End If Next End If End Sub Function
```

请允许作者自恋一下，
制作这幅自画像的代码都在这里了。

05 装饰

一直认为"设计"的概念是今人俯视古人的方式，

"工"与"料"才是传统价值的主要体现，工高料好即上品。

这种价值观的影响力在现代设计中仍有延续，

不少设计师像古人一样不愿看到大片素面朝天的空间，总想填充些什么。

新古典主义艺术风格的回归也带回了传统的美学享受，装饰无罪。

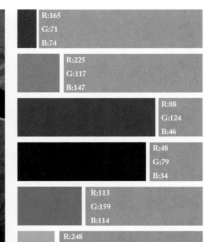

R:165	
G:71	
B:74	
R:225	
G:117	
B:147	
R:88	
G:124	
B:46	
R:48	
G:79	
B:34	
R:113	
G:159	
B:114	
R:248	
G:169	
B:198	

主色提取是一项常规任务，许多图像处理软件提供了这种功能，

这里关注的是如何对提取出来的色彩进行再应用。

两幅图各提取了6种主色，以及各主色所包含的像素数的占比。

本页图的应用是对6种色彩进行均匀随机赋色，

即每种色彩占据的格子数是近似相等的。

对页图是按照色彩像素占比来分配该色彩出现的概率，

墨蓝背景映衬下的零暖色灯光的意象

即使在毫无关联的元素群中

也可以体现出来。

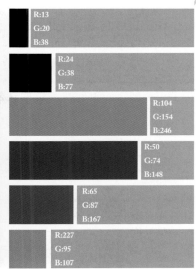

R:13 G:20 B:38	
R:24 G:38 B:77	
	R:104 G:154 B:246
	R:50 G:74 B:148
	R:65 G:87 B:167
R:227 G:95 B:107	

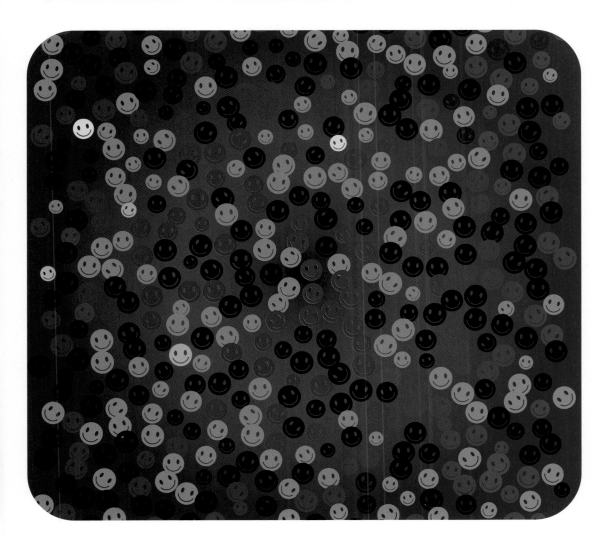

除了面料底纹等纯粹的背景图案设计，
对空间的处理一般都是
填充指定的空白部位而不是全部填满。
最常用的方法是先把空间填满，
然后用前景覆盖或用轮廓截取所需部分。

这种做法的缺憾是少了一些精致感，
被切割得支离破碎的空间的感觉
是被设计行为"遗弃"的场所，
而非刻意留出。
这里提供了一种简单的处理方法，
来表明设计师对空间是有所为的。

铺满背景并把所需的
填充物截取出来是第一步，
这里要求每个形体都是可独立编辑的，
因为后面对它们的操作是逐个进行的。

对背景中的每个独立形体进行
圆角、错位、旋转、缩小等随机操作，
让它们看起来不那么整齐，
并且抹去切割的痕迹。
我们希望任意两个形体之间无叠交现象，
通过上述操作可以粗略实现这点，
当然，尚需少量手工劳动。

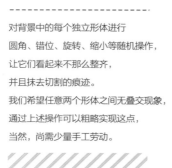

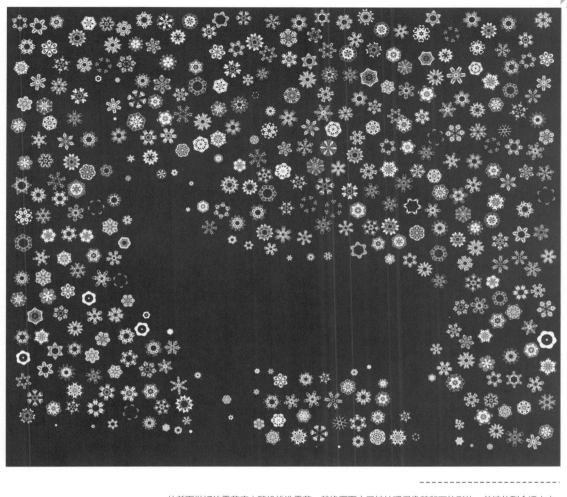

从前面做好的雪花库中随机挑选雪花，替换页面中已被处理得像鹅卵石的形体，并缩放到合适大小。

至此，设计师对空间的安排就成了一个完全主动的行为。至于前景图形，要不要都无所谓了。

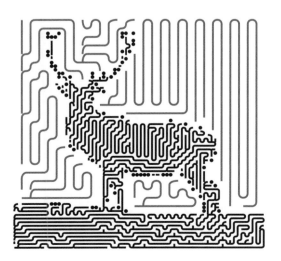

填充一个大面积空间时，
空间的划分和填充的模式
变成了一件有趣的事，
因为并不是所有空间的填充方式
都必须弄得像一大块花布。

这里借用计算机图形学里的填充算法逻辑
把空间用遍历路径填满，
然后沿路径线排布图形元素，把空间充满。

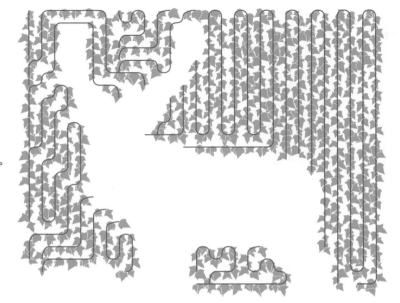

首先基于不同的分辨率遍历
原始图形中两种不同的颜色覆盖的空间，
生成充满空间的路径线。
这个遍历算法有点像制作等高线的过程，
同一条线串起来的像素的灰度值都是相似的，
这种做法可以确保路径线不会在两个不同的区域之间乱窜，
给观者造成两种空间被刻意分开处理的感觉。

其中一组路径线被加粗后
直接用作最终前景图形。
代表背景的路径线则被用来布置填充物，
方法是：
把路径线等分，把叶子复制到等分点上，
然后再添加一些随机因素，如旋转和缩放，
让叶子的填充效果看起来自然一些。
这些工作完成后，删除路径线。

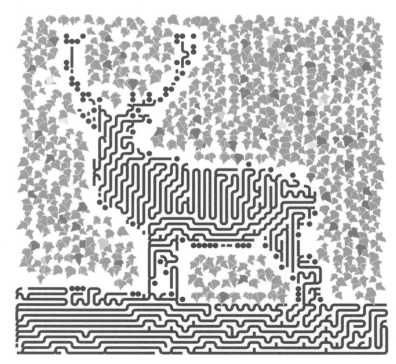

在平面上制作伪3D效果是个有趣的游戏。

在特定的视角下，完成这项工作的技术其实相当简单。

剩下的就是用它去做什么了。

这几片有"硬度"的羽毛算是抛砖引玉。

四羊方尊

在平面空间表达
三维形态显然不是
为了追求立体感,
而是营造一种特殊的装饰效果。
这里提供了一种依据侧轮廓线直接用小方块
"堆"出三维形态的方法。

作者借用了四羊方尊的轮廓线,
以抽象的方式再现这件国宝的优美器形。

坐标映射是制作复杂图形的强大工具。

经常跟数学打交道的人

可以一眼看出一个复杂图形是

由哪些简单的函数经过叠加、变形得到的。

这个图形通过坐标轴变形

把一系列正弦曲线、

摆线和直线变成所需的形态，

并充满一个空间。

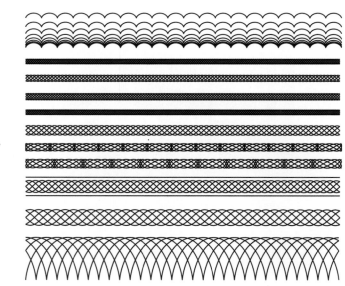

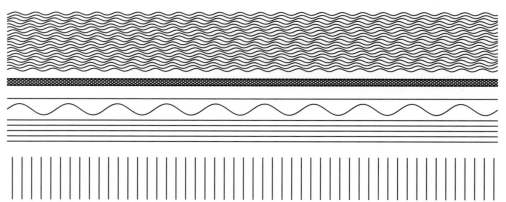

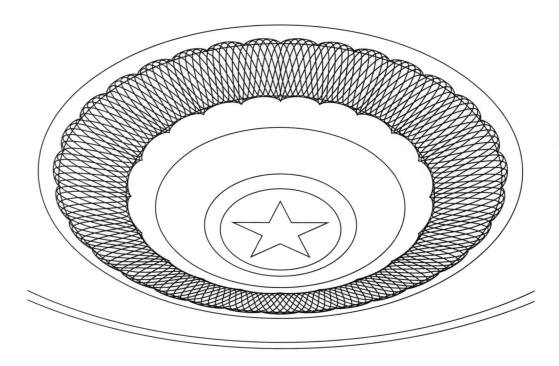

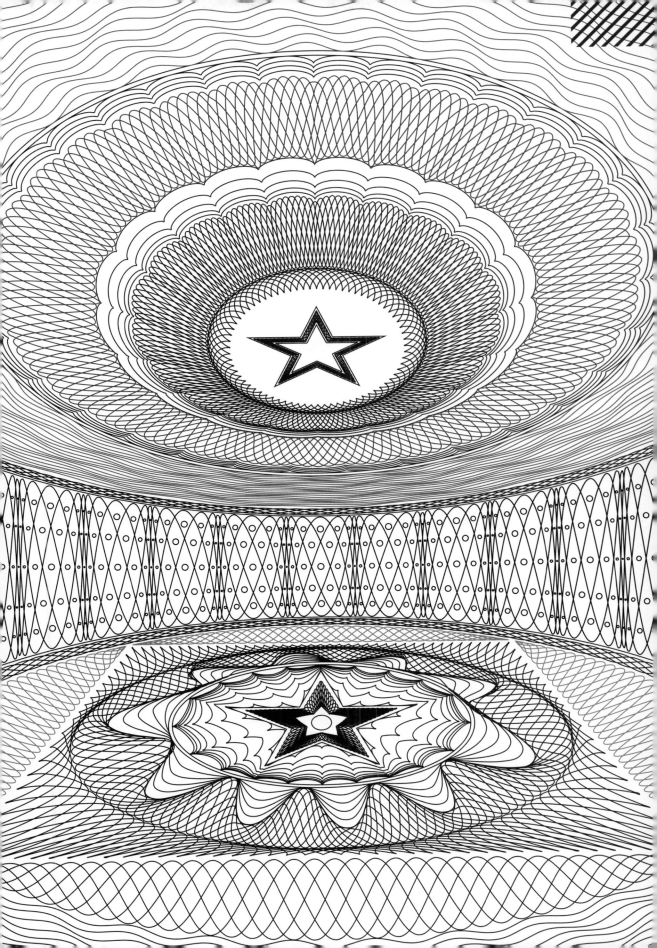

空间的概念常与"场"紧密联系在一起。受梵高作品中笔触的影响，
我们尝试用"方向"和"色彩"两个要素把无形的"场"表达出来。
即使没有任何表现主题，"场"本身也是一个值得观赏的对象。

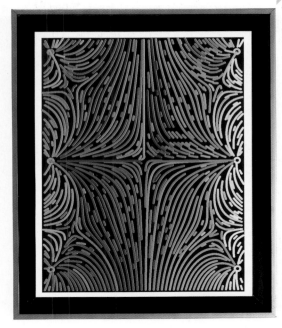

这几幅图片的形成过程：先在空白画面上放几个物体作为引力源，画面上任意一点都受其引力的影响，
引力大小与物体尺寸成正比。如此，可以计算出画面上任意一点所受合力的大小和方向，如果画面上有其他物体，
就会在合力的作用下产生运动，每运动到一点则计算新位置处的合力，直到落入其中一个引力源。物体运动的轨迹就构成了画面中的线。

如果引力源产生的不是引力，而是斥力，则物体运动的方向与合力方向垂直；
如果介于引力和斥力之间，则物体沿合力方向偏移一个固定的角度运动，最终形成涡旋效果。

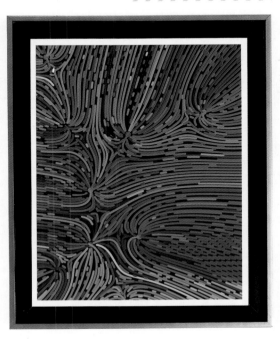

这是一个198级减速器的传动链，绿色输入，红色输出，减速比为 1.018×10^{54}。

齿轮的啮合关系是精确的，根据啮合关系可以把传动路线画出来。

这幅图展示了怎样把逻辑关系隐藏在复杂的图像背后。

06 应用

平面设计只是作图技术应用的一个方面，而且是比较传统的用途。
数字化技术发展的初期是用技术手段辅助艺术创意的实现，
到了成熟期则是技术得到艺术的反哺
——人的审美与直觉思维大量介入科学问题答案的搜寻，
它们之间的界线将逐渐变得模糊。

数据可视化是近年来一个趋热的话题，也是把科学工作与艺术创作紧密连在一起的纽带。
CorelDraw等艺术设计软件提供的数据处理接口可以方便地从Excel文档或位图中读取数据，
并以艺术化的形式展现。
这里提供的两个案例都是数据可视化的常用形式。

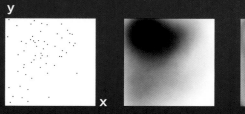

点图表示二维空间中的一系列点坐标，
每个坐标代表了用户喜爱的产品的两个参数，
比如杯子：X轴代表高度，Y轴代表直径。
这里收集了50个最受欢迎的杯子，
把它们的XY参数点画在坐标空间内。

灰度图是根据点图做出来的：
我们想象每一个点都像滴在宣纸上的墨迹，
把周围一个区域染成深色，越靠近点中心越深；
所有点的染色效果汇集起来就形成了灰度图。
图中灰度越深，就表示该处的参数组合越被用户喜爱，
做杯子设计时可以重点考虑在该区域中取值。

彩色的热度图是对灰度图的一种美化，
通过色相让灰度的细微变化更容易被觉察。
从灰度到色彩的转化方法是：
采用HSB色彩模式画热度图，
把灰度值换算为Hue（色相）值，
S值和B值均取最大，让热度图的色彩尽量醒目。
平面的热度图转为3D柱状图则是利用了在平面上
制作立体效果的技巧。柱状图相当于把灰度图
和热度图的信息融合在一起，
展示效果更加生动。

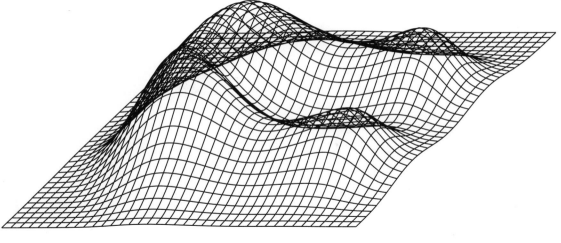

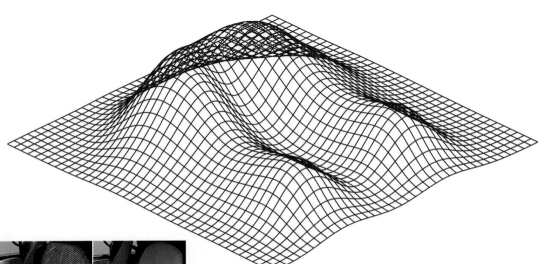

这批实验数据来自坐压传感器。

一个40X40的椅垫形压力传感器网把人坐在座椅上各处的压力值传回电脑,

并记录为Excel文档,形成一个40X40的数据矩阵。

可视化工作就基于这1600个数据开展。

坐压传感器自身带有数据处理软件,是比较经典的科学数据展示模式。

如果需要更加个性化一些的数据展示,则艺术设计软件就可以发挥作用了。

目前的数据可视化方法已经有很多。

这里给出了两个不同视角的网格展示,也是最简单的方法。

网格起伏的高度对应压力值的大小。

前页用到的方法,这里都可以使用。

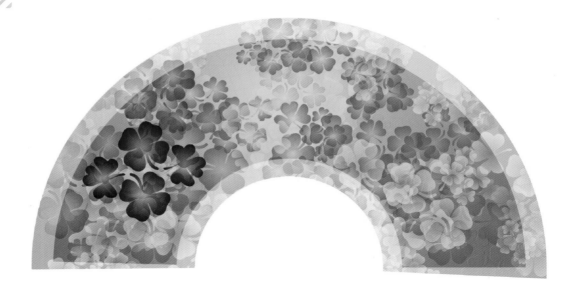

随机填充纹样和色彩提取:

"春兴"

扇面设计，2013

随机填充纹样与色彩提取：

"霜叶"

扇面设计，2013

随机填充纹样与色彩提取：

"仲夏"

扇面设计，2013

繁花

繁花似錦、爭奇鬥艷，此扇面取意不知名的小花，顏色溫暖包容，多采用同類色的不斷堆疊變化，當可深受女性消費者青睞。

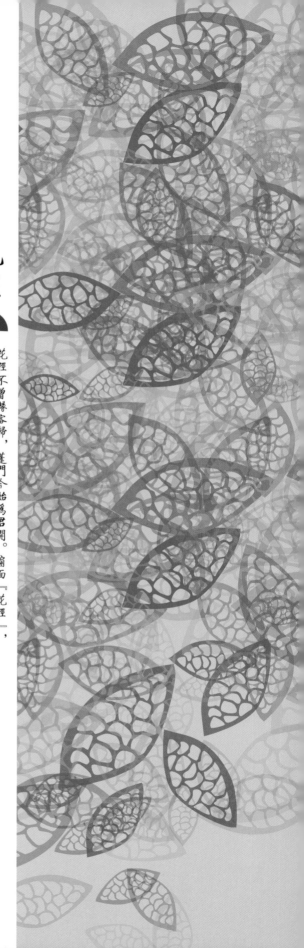

花徑

花徑不曾緣客掃，蓬門今始為君開。扇面『花徑』，模擬了落花時節，雨後花瓣落滿小徑的幽雅意境，折扇在手，有落英繽紛之感。

扇面礼品镜框设计

扇文化推广产品设计，2013

随机填充纹样与色彩提取:

"秋山"、"雾凇"

规则纹样与色彩意象提取

文具礼品纸袋设计，2014

"立方体斜割拼接纸质积木"

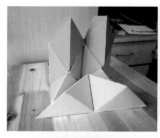

许多3D拼图玩具都是一次性的，

知道诀窍后便索然无味。

这个小程序提供了重复玩3D拼图游戏的乐趣，
它把随意切开的块体摊成平面刀版图，
打印剪切下来单独折成型再拼装。

纸制品设计
AUTO MOBILE

小孩子浪费玩具是件头痛的事。
其实孩子对玩具主要还是图个新奇，
而不是先进的技术和精良的做工。
这个纸汽车玩具模板抓住了孩子的心理。
该模板可以通过改变参数迅速生成
不同大小和形状的汽车外壳刀版图，
以及表面色彩和图案。

制作玩具只需要一台彩色打印机。

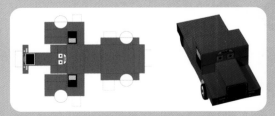

通过修改参数，可以轻易得到不同的卡车款式。

这是一个类似十字绣的DIY应用:

把图像的像素分解为36色色谱中最接近的色彩,

然后把色彩号标识出来,指示用户用相应色彩的水晶粘贴在上面,形成镶嵌画。

钻石镶嵌画制作软件开发,2013

原图

36色图

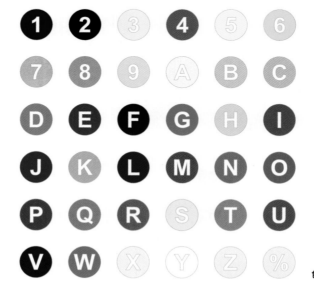

色 谱

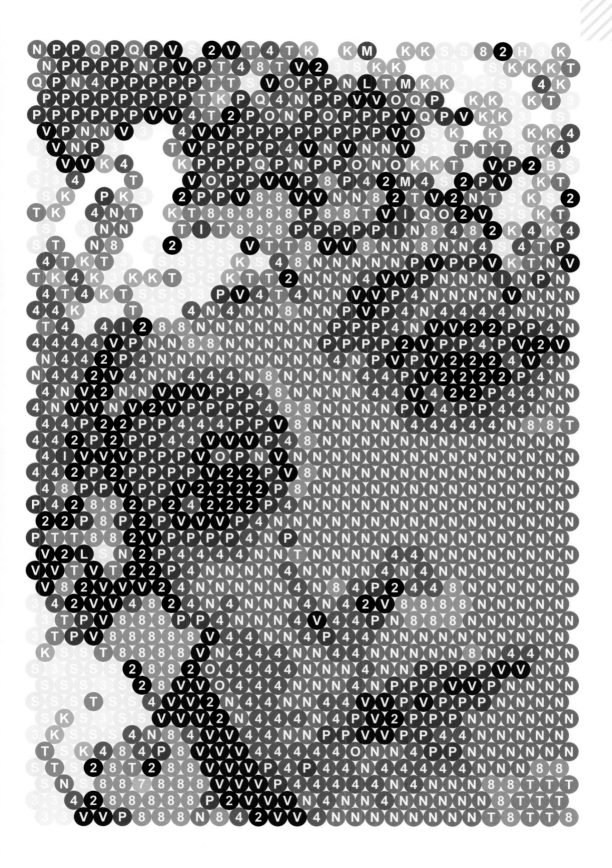

图书在版编目（CIP）数据

创意之代码:感性图像 / 刘肖健著. —杭州:浙
江大学出版社,2014.8
ISBN 978-7-308-13363-0

Ⅰ.①创… Ⅱ.①刘… Ⅲ.①平面设计－图形软件
Ⅳ.①TP391.41

中国版本图书馆 CIP 数据核字（2014）第 121882 号

创意之代码:感性图像

刘肖健　著

责任编辑	许佳颖
装帧设计	朱昱宁
出版发行	浙江大学出版社
	（杭州市天目山路 148 号　邮政编码 310007）
	（网址:http://www.zjupress.com）
排　　版	杭州中大图文设计有限公司
印　　刷	浙江海虹彩色印务有限公司
开　　本	787mm×1092mm　1/16
印　　张	6.5
字　　数	100 千
版 印 次	2014 年 8 月第 1 版　2014 年 8 月第 1 次印刷
书　　号	ISBN 978-7-308-13363-0
定　　价	49.00 元